人民邮电出版社

北京

图书在版编目（CIP）数据

衣之匣 ：可爱系美少女衣装图鉴 ：悦享版 / 朝朝六桥编著. -- 2版. -- 北京 ：人民邮电出版社，2023.9(2024.6重印)
ISBN 978-7-115-62587-8

Ⅰ. ①衣… Ⅱ. ①朝… Ⅲ. ①女服－设计－图集 Ⅳ. ①TS941.717-64

中国国家版本馆CIP数据核字(2023)第167325号

内 容 提 要

这是一本少女服饰图鉴，通过讲解各种各样的少女服装和配饰，为少女服饰插画创作提供参考和灵感。本书共 5 章。首先讲解服装设计思路，并通过大量的实例讲解服装设计方法，然后展示了不同种类的服装和配饰，最后展示了大量精美插画作品供读者观赏。通过学习本书，读者可以玩转服装搭配，提升插画作品的表现力。

本书适合职业插画师和少女主题插画爱好者学习和参考。

◆ 编　　著　朝朝六桥
　责任编辑　张玉兰
　责任印制　马振武
◆ 人民邮电出版社出版发行　　北京市丰台区成寿寺路 11 号
　邮编　100164　　电子邮件　315@ptpress.com.cn
　网址　https://www.ptpress.com.cn
　北京九天鸿程印刷有限责任公司印刷
◆ 开本：690×970　1/16
　印张：12　　　　　　　2023 年 9 月第 2 版
　字数：347 千字　　　　2024 年 6 月北京第 5 次印刷

定价：79.90 元

读者服务热线：(010)81055410　印装质量热线：(010)81055316
反盗版热线：(010)81055315
广告经营许可证：京东市监广登字 20170147 号

前言

大家好，我是朝朝六桥，一个普普通通喜欢画画的人。画画对我来说，是生命中不可或缺的部分，它为我平凡的生活增添了很多乐趣。我平时很喜欢画女孩，喜欢想象各种性格的女孩在不同时空、不同背景下的生活日常，喜欢想象她们摇曳的裙摆和可爱的配饰。

编写本书正是在我最忙的一段时间。我和编辑一起排除万难完成了这么一本“可爱”的书，也算为自己的画画生涯留下了一个脚印。感谢出版社给我出版图书的机会，也感谢编辑给予我帮助，让本书得以与大家见面。

关于本书，我最初的编写思路是，不仅要展示出我近几年的插画作品，还要比较全面地展示服饰插画的创作思路。最终，我决定以我最喜欢的少女服饰为主题将本书呈现出来，以供插画初学者或对少女插画感兴趣的读者学习。本书先对服饰主题插画的绘制思路进行讲解，然后对服装设计方法进行讲解，接着系统地展示一些服饰单品，最后展示一些相对复杂的插画作品。

画画之路从来不是畅通无阻的，需要坚持和勇气。希望你每次下笔时都能像第一次画画那样，充满新鲜感并保持快乐。要知道，比结果更重要的是创作过程中满腔的热情。只要坚持画画，你就会获得不断探索的勇气。希望我那份创作的快乐能够传递给你。

朝朝六桥

2023年8月

资源与支持

本书由“数艺设”出品，“数艺设”社区平台（www.shuyishe.com）为您提供后续服务。

配套资源

书中重点案例的 PSD 素材文件。

资源获取请扫码

（提示：微信扫描二维码关注公众号后，输入 51 页左下角的 5 位数字，获得资源获取帮助。）

“数艺设”社区平台，为艺术设计从业者提供专业的教育产品。

与我们联系

我们的联系邮箱是 szys@ptpress.com.cn。如果您对本书有任何疑问或建议，请您发邮件给我们，并请在邮件标题中注明本书书名及ISBN，以便我们更高效地做出反馈。

如果您有兴趣出版图书、录制教学课程，或者参与技术审校等工作，可以发邮件给我们。如果学校、培训机构或企业想批量购买本书或“数艺设”出版的其他图书，也可以发邮件联系我们。

关于“数艺设”

人民邮电出版社有限公司旗下品牌“数艺设”，专注于专业艺术设计类图书出版，为艺术设计从业者提供专业的图书、视频电子书、课程等教育产品。出版领域涉及平面、三维、影视、摄影与后期等数字艺术门类，字体设计、品牌设计、色彩设计等设计理论与应用门类，UI设计、电商设计、新媒体设计、游戏设计、交互设计、原型设计等互联网设计门类，环艺设计手绘、插画设计手绘、工业设计手绘等设计手绘门类。更多服务请访问“数艺设”社区平台www.shuyishe.com。我们将提供及时、准确、专业的学习服务。

目录

第1章 服装设计思路

第2章 服装设计实例

第3章 服装参考集

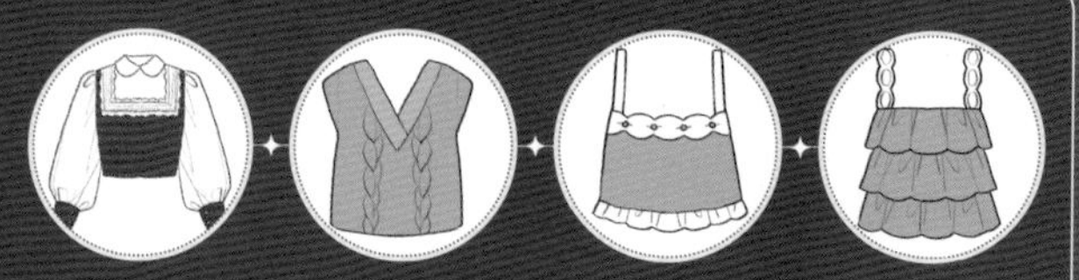

第4章 配饰参考集

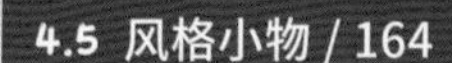

第5章 插画欣赏

第1章
服装设计思路

1.1 快速确定风格

在进行人物服饰设计时，我们要先确定人物的表现风格。在确定风格时，需要考虑时间、地点和身份 3 个方面。

时间指的是人物所处的历史时期，如魏晋时期、盛唐时期和民国时期等。时间的确定有助于我们把控人物的整体风格。地点指的是人物所处的地理位置，如西幻大陆、东方海港、维京沿海、巴洛克宫廷、雨林部落和外太空等。地点的确定有助于我们选取契合的服饰元素。身份则指的是人物的职业身份，如学生、宫廷贵族、战士、冒险家、偶像、牧羊女、魔法师和精灵等。职业的确定有助于我们塑造人物气质。

时间锚点：民国

地理锚点：东方

身份锚点：淑女

时间锚点：现代

地理锚点：英国

身份锚点：仪仗队队员

时间锚点： 19 世纪末

地理锚点： 幻想大陆

身份锚点： 女巫

1.2 用色彩体现主题元素

色彩是表现服饰的主要元素。通常，先选取与主题元素相关的色彩，对其明度和纯度进行调整，然后根据想要的视觉效果确定色彩的面积大小。在下图中，对红色和绿色这两种色彩分别进行了不同方向的演绎，使其呈现出更加丰富的效果。

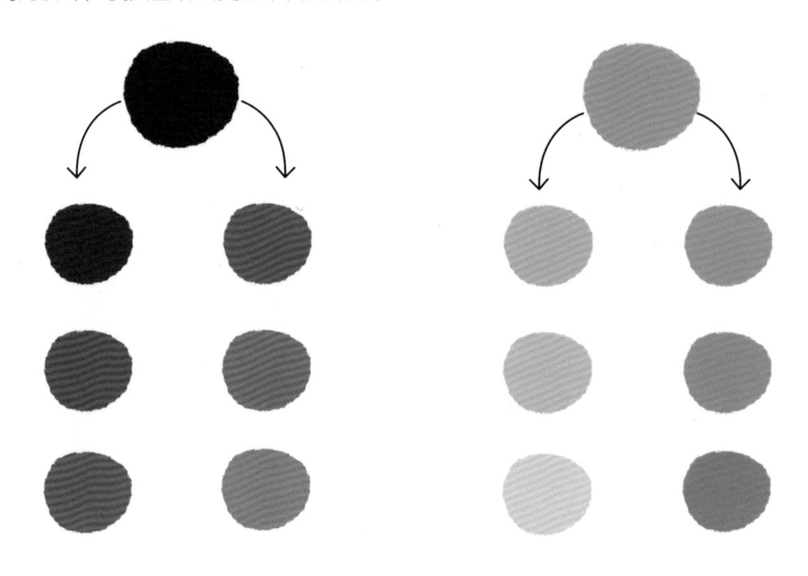

下面以苹果为例讲解配色方法。可先提取苹果的固有色，并对提取的色彩进行演绎，得出青绿、黄绿、浅粉和橙红等其他色彩，再通过寻找对比色和相似色等，得到与苹果搭配的服饰的基本色。

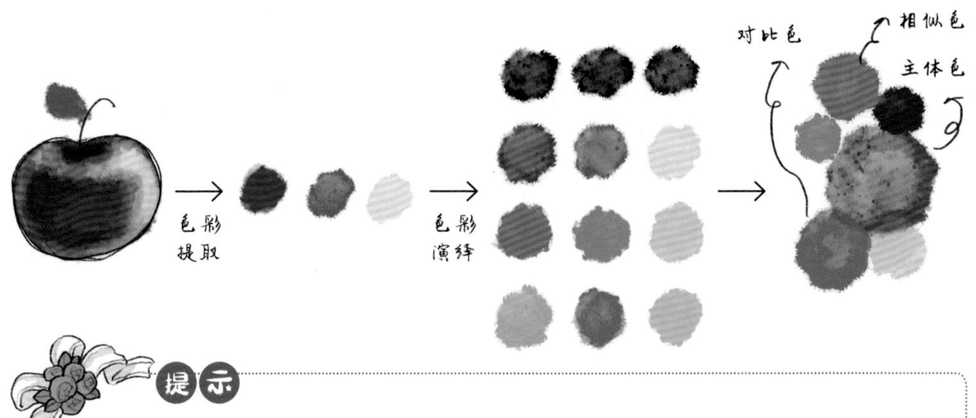

提示

在对色彩进行演绎时，为了缓解高纯度带来的视觉疲惫感，可以混入黑色，以降低色彩纯度。

色彩还可以帮助我们确定人物的气质和性格。通常用冷色调服饰来表现人物干练的性格特点，用活泼明快的色彩组合来表现人物开朗的性格特点。同样的服饰设计在不同的色彩搭配下给人的观感效果的差距是很大的。下面以同一套服饰 4 种不同的色彩搭配为例，表现出人物不同的气质和性格特点。

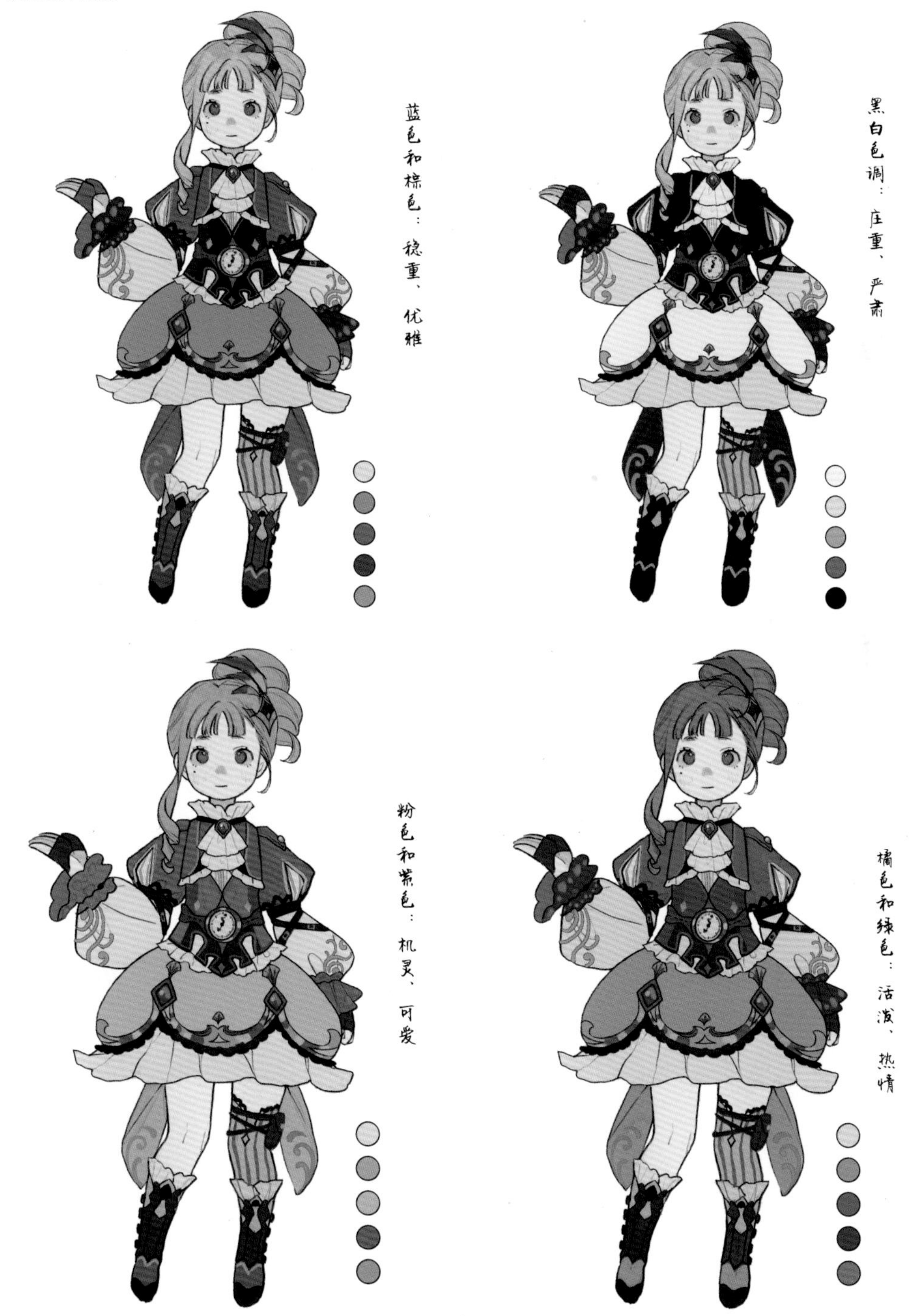

1.3 用服装轮廓凸显人物特点

本书绘制的服饰不需要受现实的制约，考虑更多的是色彩和形式的美感。可以调整某类服饰的轮廓形式，以凸显人物特点。

在绘制时，一般会先确定人物的轮廓，在轮廓的基础上进行下一步操作。下图演示了不同人物轮廓形式的服装设计方案，并以苹果色为基础进行配色。先确定了圆形、梯形和长方形这几种轮廓，并在轮廓的基础上展开对服饰的想象。

1.4 元素设计方法与设计过程

先确定角色服饰的相关元素，然后将其融入设计中。一般来说，直接将元素“镶嵌”到人物服饰上，效果会稍显呆板，缺乏趣味性。可以对这些元素进行适当的联想和想象。

在对元素进行设计时，可以采用以下两种方法。

方法 1：直接采用。直接将元素图案作为印花等点缀元素应用到服饰上。

以苹果元素为例，将苹果直接作为图案应用到人物服饰上。这是一种较为直接的元素应用方式。

方法 2：联想和想象。联想该元素在不同空间和时间状态下的形象，并将其与服饰结合，产生多种有趣的样式。

苹果可以呈现出被咬了一口的苹果、苹果核、苹果皮、苹果片等形态。我们还可以通过苹果联想到苹果树、苹果叶和苹果花等形象。这些形象有助于我们对元素产生更丰富的想象，可将这些想象应用到服饰设计中。例如，苹果皮被削成条状的样子可以应用到裙摆的花边设计上。

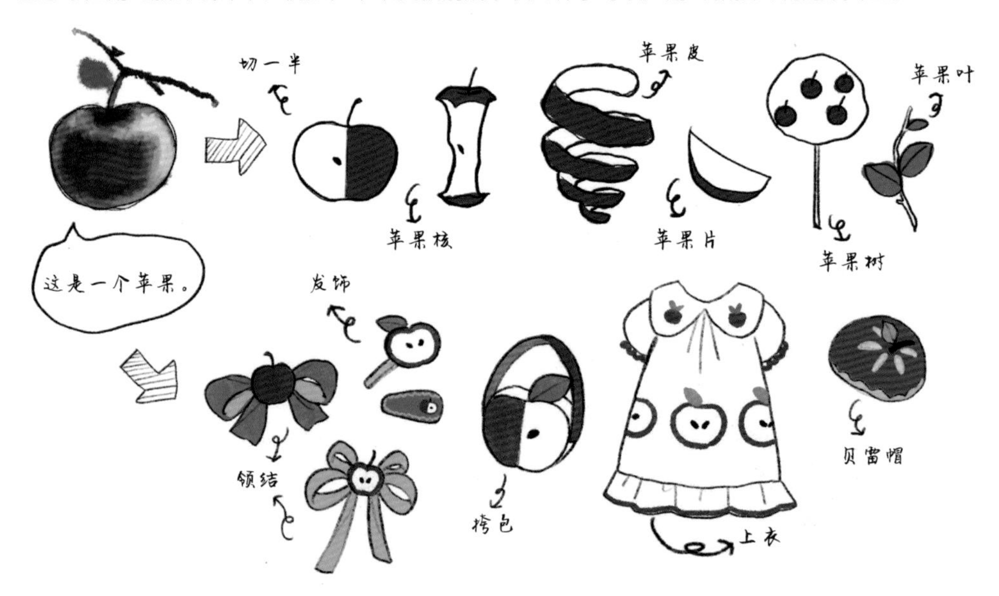

设计过程可分为以下 3 步。

第 1 步，确定廓形。画出人物的大致廓形，确定服饰给人的整体感觉。

第 2 步，确定大体色彩。在廓形的基础上大胆尝试各种色彩搭配，迅速确定配色方案。

第 3 步，增添元素，修改细节。对服饰的细节进行拓展和细化，注意突出服饰的趣味元素。

第2章
服装设计实例

2.1 节日主题

这一节以节日为主题展开设计，希望表现出不同节日氛围下女孩们温馨而欢乐的日常。

2.1.1 圣诞颂歌

初雪和热乎乎的咖啡，圣诞树和袜子里的神秘礼物……麋鹿会带来什么样的惊喜呢？

方案 1 | 圣诞节 × 旅行家

设计概述： 该角色是一个喜欢在冬天进行户外活动的、精力旺盛的旅行家。在服饰上，将斗篷和麂皮靴搭配，可强调角色活泼的性格，同时小兔帽和围巾也表现出了角色可爱的一面。画面色彩以红色和绿色为主，以强调圣诞节的氛围。

设计草图

元素展示

帽子是系带的，加上小耳朵会显得更可爱
一双厚实的鹿皮靴子是冬日出行必备品

方案 2 | 圣诞节 × 街头表演者

设计概述：想要塑造一个圣诞节街头表演的女孩形象，因此添加了手杖这一道具。红色头发搭配绿色小裙子，形成强烈的色彩对比，以凸显人物活泼、热情的性格。

圣诞节街头表演者的必备道具
绿色条纹马甲搭配黑色刺绣腰封和绿色小裙子

方案3 | 圣诞节 × 大小姐

设计概述：该角色是一个出现在圣诞夜聚会上的端庄大小姐。配饰采用了贝雷帽、高跟皮靴和领结等单品。服装以圣诞袜、鹿角等元素作点缀，以突出节日的氛围。

设计草图

元素展示

贝雷帽上点缀的青果实和叶子，以突出圣诞节的氛围
的圣诞袜
装着拐杖

其他设计展示

2.1.2 马戏狂欢

到了狂欢节这一天，男女老少盛装打扮，载歌载舞，人们像春潮决堤般地涌向街头。

方案 1 狂欢节 × 吹奏者

设计概述： 以花车上的吹奏演员为灵感进行设计。人物手握黄铜小号，强调了身份特征。礼帽和领结体现出人物夸张、滑稽的着装风格。

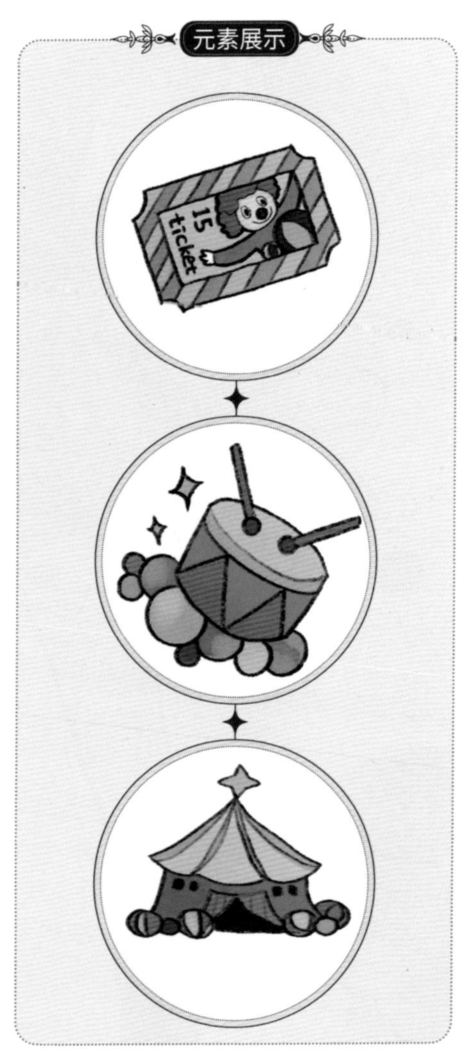

15
ticket
夸张的宽
檐礼帽
黄铜小号——重
要的吹奏工具
夸张的蓬腿裤
和鞋子

方案 2 | 狂欢节 × 魔术师

设计概述：以狂欢节的街头魔术师为灵感进行设计。采用了帽子、领带和手套这些能体现魔术师身份的配饰。人物服装选择了后摆造型夸张的燕尾服，搭配左右两侧不对称的袜子，突出了人物古灵精怪的性格特点。

设计草图

元素展示

帽子里藏着各种魔术道具
造型夸张的燕尾服和蓬蓬裙

方案3 | 狂欢节 × 杂技演员

设计概述：以狂欢节拿着彩球的杂技演员为灵感进行设计。在体操服的基础上添加了夸张的蝴蝶结、丝带和长筒袜等元素，表现出明快的表演风格。为了增强趣味性，还设计了与角色互动的兔子形象。

设计草图

元素展示

背后夸张的蝴
蝶结装饰
体操球是重要
的表演道具

其他设计展示

2.1.3 新春伊始

新春伊始，万象更新。天渐暖，雪渐消，万物欣欣向荣。

方案 1 | 春节 × 风筝

设计概述：以在春天里放风筝的小女孩为灵感进行设计，想要塑造一个带着初春朝气的人物形象。以中国传统元素为服饰设计的基础，并与蝴蝶结、花边等现代元素相结合。人物手里拿着一只传统样式的风筝，增添了文化韵味。

设计草图

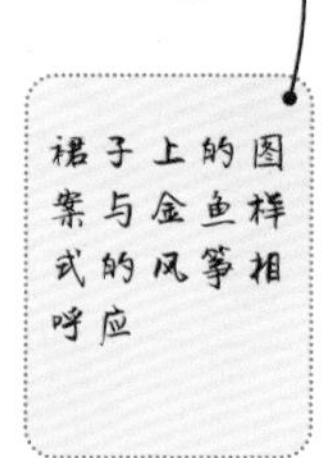

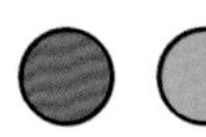

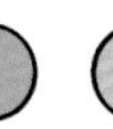

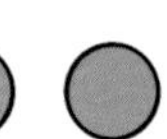

方案2 | 春节 × 春联

设计概述：以春节的节日活动为灵感进行设计，塑造出了一个拿着对联的女孩的形象。

设计草图

桃枝形发饰、双麻花辫与流苏耳饰结合在一起，塑造出较为古典的人物形象

裙子在传统风格的基础上融入了百褶裙的样式，裁剪形式更加灵活

鞋子在传统风格的基础上进行了更具现代趣味的设计

方案3 | 春节 × 桃花

设计概述：以桃花为灵感进行设计。在配色方面，采用了清新淡雅的浅粉色和浅绿色，并以浅黄色作点缀。在服饰方面，将洛丽塔风格的蓬蓬裙与中国风服饰相结合，并点缀了一些花朵图案。

设计草图

元素展示

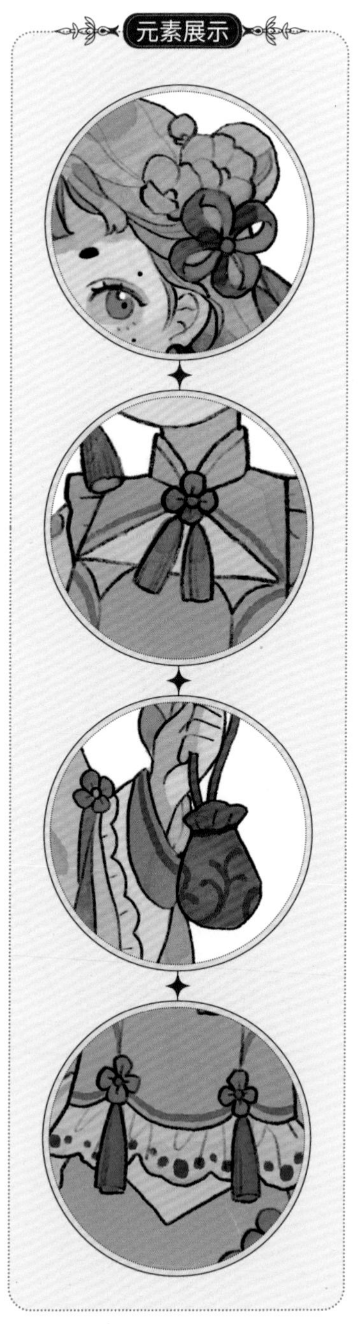

发饰与衣袖上的花朵图案相呼应
服饰运用了流苏等中国风元素，以突出春节的节日特色

2.2 职业主题

这一节以职业为主题展开设计，并增添了多种趣味元素，以突出不同职业的特点。

2.2.1 魔女日常

在堆满星象仪、羊皮纸和魔法试剂的神秘空间里，忙碌的魔女们正在研究新的魔法。

方案1 | 月相魔女

设计概述：该角色是一个来自东方的神秘魔女。她喜欢收集蝴蝶标本，会随着月相的变化而吸取魔力。角色整体采用了紫色和黄色的色彩搭配，并且在以东方风格为基础的服饰上加入了一些洛丽塔元素。

设计草图

元素展示

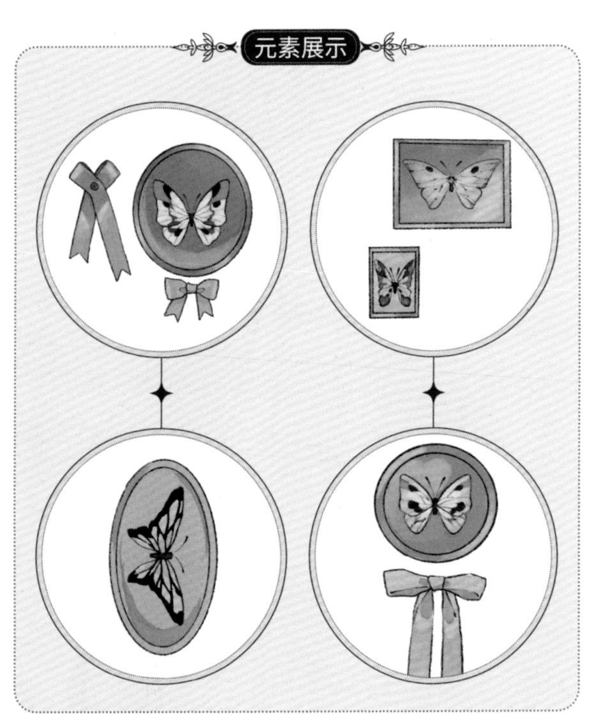

为突出角色风格，采用了更为淑女的蕾丝发箍，并添加了蝴蝶触角
采用了东方风格和洛丽塔风格相结合的裙子，表现出该角色典雅、神秘的气质

方案 2 | 玩偶魔女

设计概述：该角色是一个可以支配玩偶的魔女。她性情骄纵，身边跟着许多小兔子。在色彩方面，选择了薄荷绿和粉紫色的搭配，强调其甜美可爱的风格。

设计草图

元素展示

衣领采用拉夫领
设计样式，以突
出该角色的气质
兔子玩偶是她
的重要伙伴，也
是可以灌注魔法
的道具

方案 3 | 蔷薇魔女

设计概述： 该角色是一个生活在乡下的魔女。她喜欢打理田园。角色的整体服饰突出了田园风格特点。蔷薇是魔力的象征物，所以服饰上加入了蔷薇元素。

设计草图

元素展示

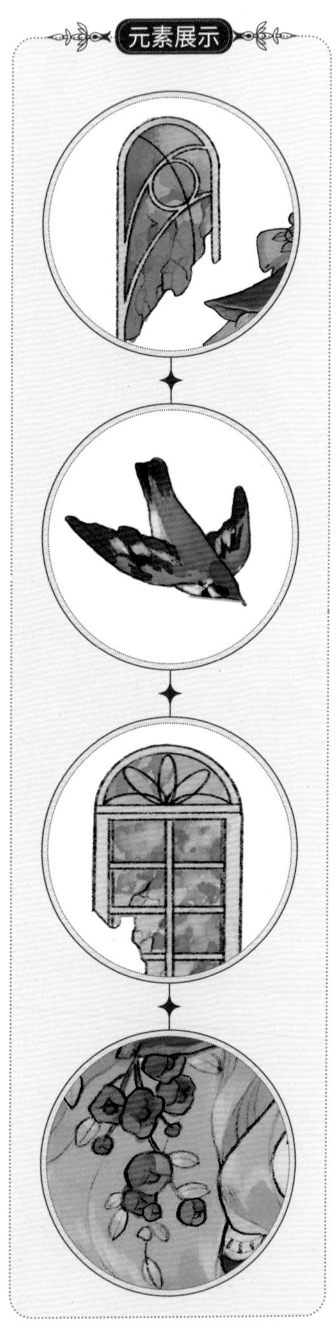

帽子和裙摆上都
有蔷薇图案
田园风格的黑色马
甲、蕾丝衬衫与大
蓬裙搭配在一起

2.2.2 女仆物语

女仆们每一天都很忙碌。当然，偶尔她们也会偷个懒。

方案 1 ｜ 女仆 × 小熊

设计概述：该角色是一个气质优雅的女仆。她随身携带着一个小熊玩偶。在服装色彩方面，选择了偏深的颜色，这样与白色的小围裙更搭。

设计草图

元素展示

红丝绒材质的裙子搭配深蓝色的缎带

方案2 | 女仆 × 兔子

设计概述：该角色是一个爱偷懒的女仆。她时常使唤爱干活的小兔子。该角色身着偏英伦风的服装，黑色的连衣裙上点缀着许多花纹。

设计草图

方案3 | 女仆 × 水手服

设计概述：该角色是一个在咖啡店兼职打工的高中生。她手里拎着一只兔子玩偶。服装设计结合了水手服与女仆装的相关元素。

设计草图

其他设计展示

2.2.3 田园牧女

田野里有什么，成群的鸡鸭与牛羊？自由生长的菌菇和植物？还是偶然掠过的飞鸟？田野里什么都有，大自然美好的馈赠都藏在这里了。

方案 1 | 采蘑菇的女孩

设计概述： 以采蘑菇的女孩为灵感进行设计。女孩梳着双麻花辫，戴着蕾丝发箍，身着背带裙，更加突出了复古感。色彩以红色和白色为主。

设计了具有复古感的双麻花辫发型
为角色搭配了背带裙和方便装蘑菇的小围裙

方案2 | 赶鹅的女孩

设计概述：该角色是一个在农场里费了好大一番力气终于抓到了大鹅的女孩。女孩身着高腰蓝色方格连衣裙，胸前有刺绣图案。

为角色搭配了田
园风格的兜帽
鹅是最好的
伙伴，就是
抓起来需要
费点力气

方案3 | 喂羊的女孩

设计概述：该角色是一个小心翼翼地抱着一只刚出生不久的小羊羔的女孩。在服饰上，衬衫搭配吊带裙和一条小围裙。色彩以白色和红色为主，并加入鹅黄色和嫩绿色作为点缀。

设计草图

元素展示

帽子不仅看起来美观，还可以用来防晒
在农场干活时，围裙是不可或缺的

2.3 水果主题

这一节以水果为主题展开设计，并融入了其他元素，以呈现出活泼的设计风格。

2.3.1 野莓仙踪

红艳艳的草莓散发着浓浓的果香，密密匝匝的草莓叶子铺满了地面。

方案1 | 草莓 × 小女巫

设计概述： 该角色设定为一个小女巫的形象。她穿着小斗篷，戴着魔法帽，帽子上装饰着草莓元素，裙子采用了草莓红。

独具特色的
草莓魔法帽
发尾外翘

方案2 | 草莓 × 牧羊女

设计概述：该角色设定为一个田园牧羊女的形象。她的帽子上装饰着草莓果实，手里握着一根普通的木头魔杖。在田间行走时，还可以将这根魔杖当成拐杖用。

设计草图

方案3 | 草莓花 × 女孩

设计概述：该角色设定为一个甜美可爱的小女孩形象。将草莓花作为服饰的点缀元素，更加突出了人物甜美的风格。

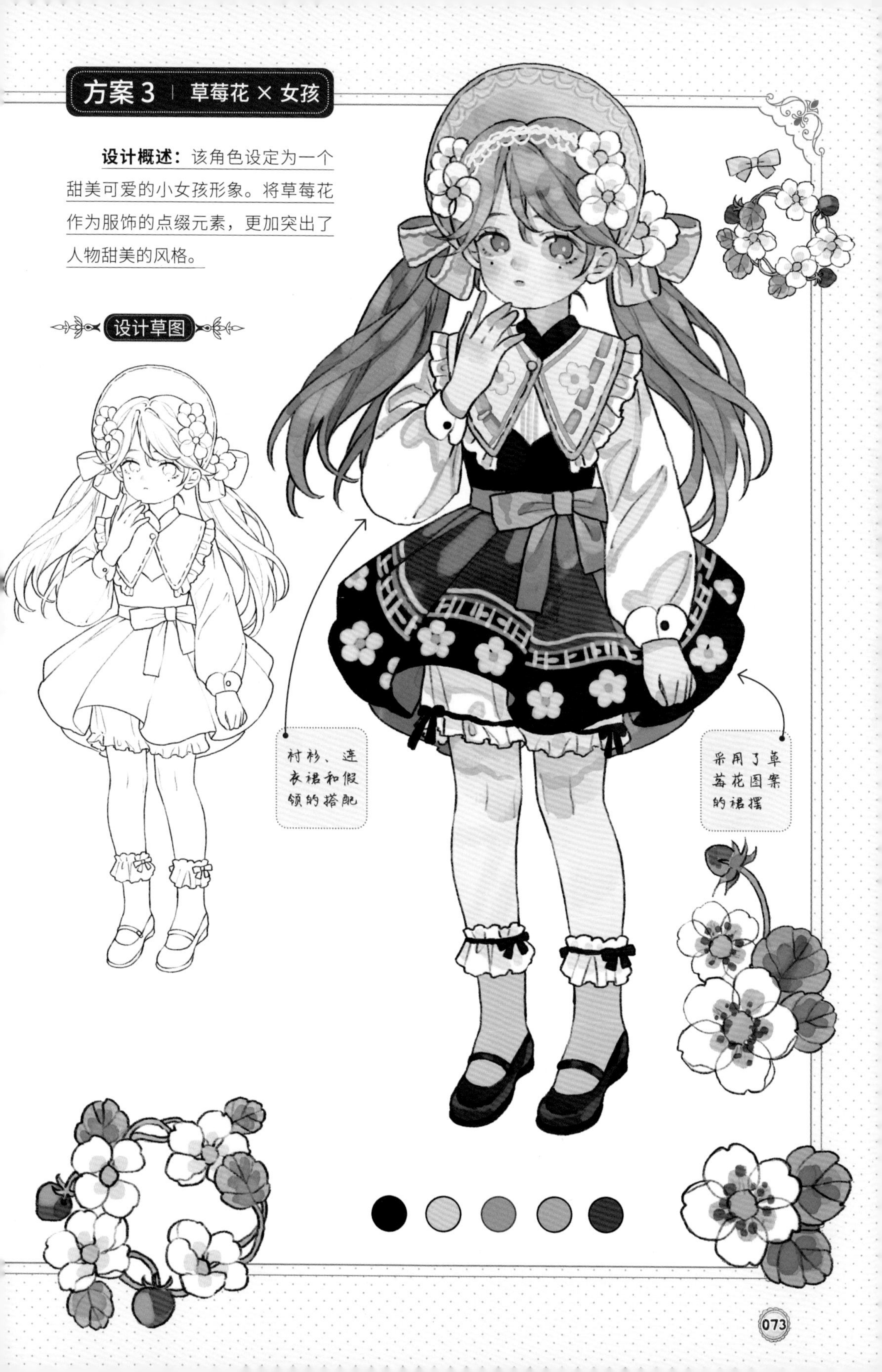

其他设计展示

2.3.2 苹果乐园

苹果可以切成块，可以削掉皮，可以变成苹果核，这些元素都可以作为充满趣味的图案。这一节将展示生活在苹果乐园里的女孩们。

方案 1 | 苹果 × 小淑女

设计概述： 该角色设定为一个出门逛街的小淑女的形象。服装穿搭体现出该角色优雅的风格。服饰没有大面积使用红色和绿色，而是将其作为点缀色。裙子上增加了许多与苹果相关的元素。

为呼应淑女优雅的穿搭风格，给角色设计了礼帽和雨伞
裙摆整体看起来像削掉的苹果皮，让设计更有趣味性

方案2 | 苹果 × 街头女孩

设计概述：该角色设定为一个出现在音乐节上的帅气女孩的形象。参考了很多音乐节上的穿搭，整体风格偏复古。服装运用了大面积的红色和绿色，且采用了耳环、发带等配饰作为点缀。

方案3 | 苹果 × 魔法少女

设计概述：该角色设定为一个可爱的魔法少女的形象。苹果作为关键元素被应用于服饰设计中。

其他设计展示

2.4 植物主题

这一节以植物为主题并结合不同的元素展开设计。植物尤其是花卉元素可以让服装呈现出华丽而柔美的感觉。

2.4.1 大正蔷薇

将蔷薇与大正风结合在一起，展示日本大正时期女孩的日常穿搭。

方案 1 | 白蔷薇

设计概述：该角色设定为一个精致优雅的名门淑女的形象。在服装方面，将褶皱领、珍珠、蕾丝等元素与羽织样式相结合，以突出角色端庄又不失活泼的性格特点。

从造型和妆容方面着重体现人物端庄、优雅的气质
为了展现大正风的淑女穿搭，增添了很多蕾丝和珍珠装饰

方案 2 | 红蔷薇

设计概述：该角色设定为一个旅途中的女学生形象。她穿着羽织，羽织上点缀着繁复的蔷薇图案。她提着手提箱，拄着手杖。

方案3 | 粉蔷薇

设计概述：该角色设定为一个牵犬的摩登女郎的形象。为了表现出角色时尚又贵气的感觉，服饰运用了具有现代感的格纹图案。

设计草图

夸张的发饰突出角色时尚的风格特点

皮靴和毛领的搭配体现出角色的贵气

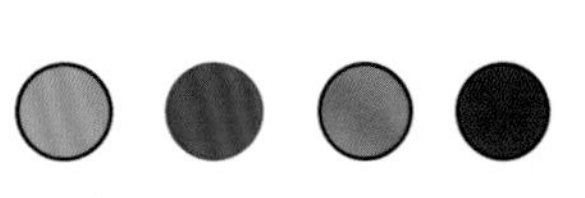

2.4.2 山茶学院

山茶学院是梦想之地的神秘学校，女孩们可以在这里自由、快乐地学习和成长。

方案 1 | 山茶 × 春游服

设计概述：该角色设定为一个准备去春游的女学生形象。在服饰方面，可爱的小裙子搭配了帽子和小挎包。

小挎包里放
着防晒霜和
巧克力
为了突出人物的
学生身份，采用
了条纹元素

方案2 | 山茶 × 表彰服

设计概述： 该角色设定为一个在学院大会上被表彰的女孩形象。她佩戴着蓝色绶带，格外醒目。

方案3 | 山茶 × 日常制服

设计概述：该角色设定为一个穿日常制服的女孩形象。该制服在水手服的基础上加入了山茶花元素。

设计草图

2.5 动物主题

这一节以动物为主题展开设计，呈现出浪漫幻想的风格。

2.5.1 蝴蝶之国

蝴蝶之国，顾名思义，这里是蝴蝶的聚集地，到处都可以看到扇动着漂亮翅膀的蝴蝶。

方案1 | 蝴蝶公主

设计概述： 该角色设定为一个流亡的公主形象。宽大的裙撑和小小的王冠代表了她曾经的身份，她是蝴蝶之国里唯一没有翅膀的人。色彩以低明度的黄色和白色为主。

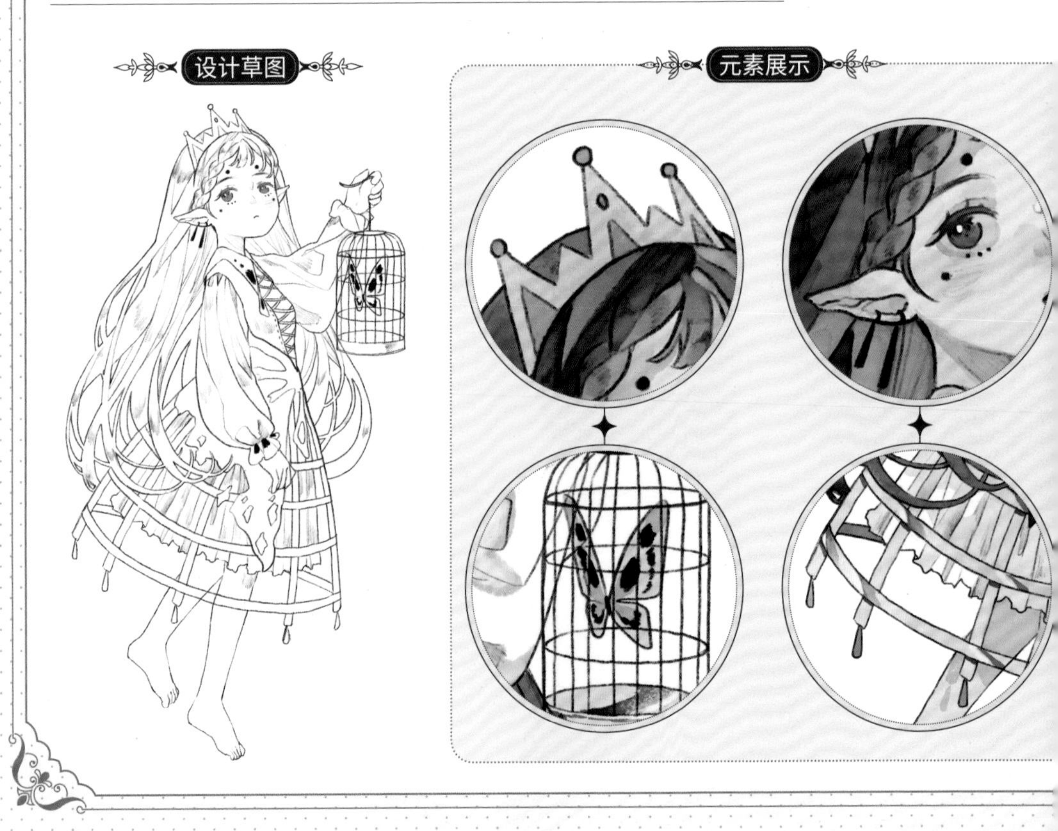

设计了蝴蝶
翅膀形状的
裙摆
宽大的裙撑
和手里的笼
子相互呼应

方案2 | 蝴蝶法师

设计概述： 该角色设定为一个法力高强的法师形象，她肩负着守护家园的职责。她挥动手里的权杖，就会招来很多蝴蝶。

对于性格沉静的学者来说，书本是需要随身携带的物品

方案3 | 蝴蝶学者

设计概述：该角色设定为一个整天待在图书馆里的学者形象，她最大的爱好就是看书和做研究。

设计草图

其他设计展示

2.5.2 兔子梦境

下面以可爱的兔子为主题进行设计。这里有会魔法的兔子冒险家，行侠仗义的兔子侠客，还有热爱田园生活的兔子牧女。

方案1 兔子冒险家

设计概述： 奇幻世界里的兔子冒险家能够熟练地运用各种魔法，以应对森林里的危机。

设计草图

元素展示

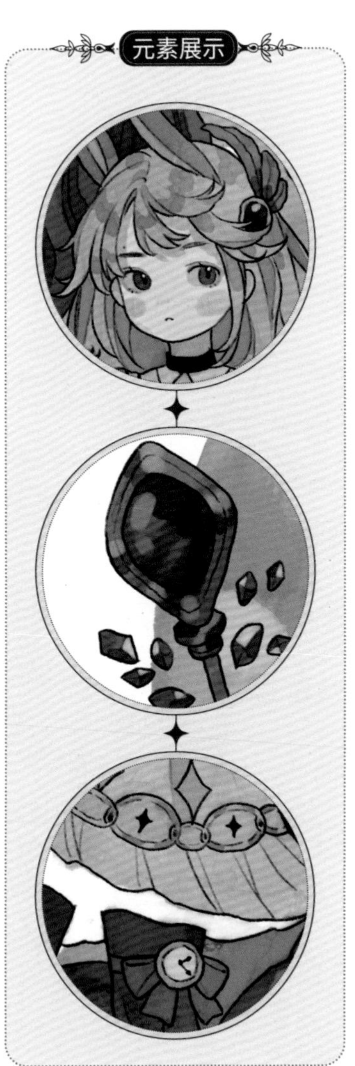

奇幻世界里的兔
子冒险家，随时
准备战斗

方案2 | 兔子侠客

设计概述：该角色设定为一个来自东方武侠世界的兔子侠客的形象。她武功高强，爱行侠仗义。该角色的整体服饰风格为古风，颜色以暗红色和深绿色为主，给人以庄重和严肃的感觉。

方案3 | 兔子牧女

设计概述：以广阔田野里的兔子为灵感进行设计，想要塑造出一个田园牧女的形象。在设计该角色时，添加了向日葵等元素，以强调田园风格。

设计草图

田园风格的裙子搭配皮靴，可突出角色甜美又端庄的气质

2.6 精灵与天使主题

这一节以精灵与天使为主题展开设计，塑造出一系列幻想风格的角色。

2.6.1 梦幻岛精灵

下面以童话世界里梦幻岛的精灵为灵感进行设计。

方案 1 | 捣乱精灵

设计概述：该角色设定为一个精力旺盛、整天飞来飞去的小精灵形象。宽大的上衣和裤子让她看起来更加活泼可爱。

设计草图

元素展示

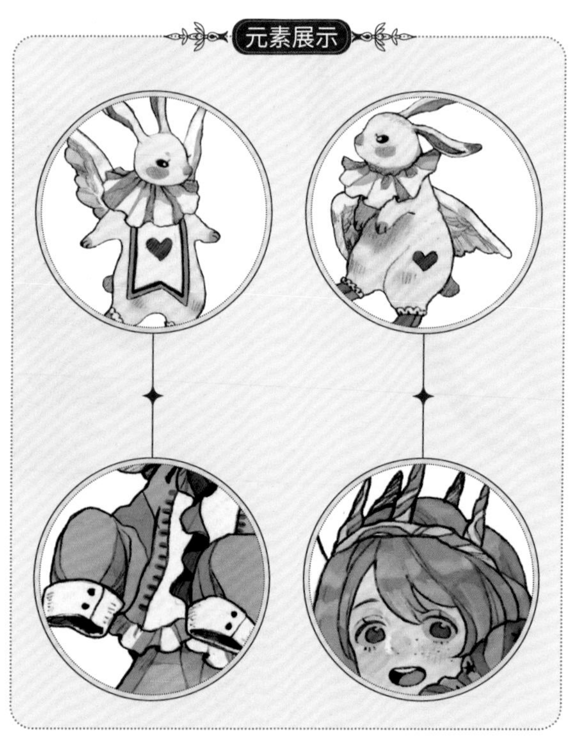

穿着宽松的服装，
更能突出人物活
泼可爱的性格

方案2 | 洗礼仙子

设计概述：以童话故事里的仙女为灵感进行设计。该角色乐善好施，头戴尖角帽，手拿魔法棒。作为为岛上新生儿赐福的仙女，常常在童话故事中客串好心的教母。

设计草图

方案3 | 岛上的孩子

设计概述：岛上有很多孩子是误闯进来的，有的选择回到现实生活中，还有一部分选择永远留下来。留下来的孩子头上会有一顶属于自己的小皇冠，这些孩子会慢慢变成精灵。

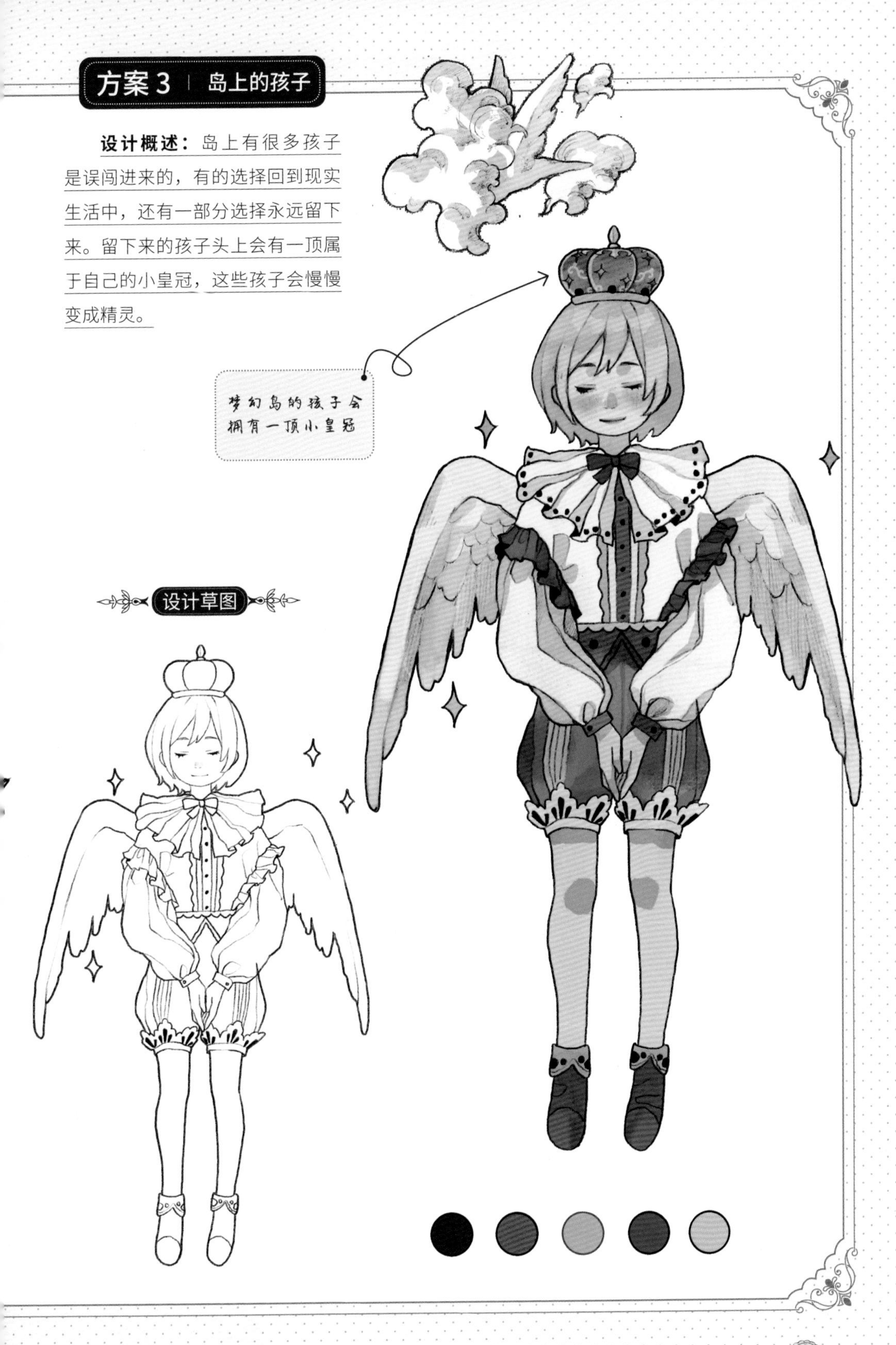

2.6.2 天使来信

忙碌的天使穿梭在人们的梦里，为大家送来不同的预言：或是喜悦和幸福的消息，或是未来人生路上倒霉的预兆。

方案 1 新手信使

设计概述： 该角色设定为一个初出茅庐、业务能力有点糟糕的小信使形象。该角色每天都在忙忙碌碌地工作，但总是遇到倒霉的事。绿色花边的蓬蓬裙可以突出该角色活泼的性格特征。

随身携带好几个
装满信件的小
包。因为业务不
熟练，会经常丢
三落四

方案2 ｜ 胜利信使

设计概述：该角色设定为一个业务熟练的信使形象，每天给人们带来胜利的好消息。

设计草图

方案3 | 灵感信使

设计概述：该角色设定为一个常常去艺术家的梦里捎送灵感的信使形象。艺术家们很喜欢她，都盼望着她进入自己的梦里。

设计草图

其他设计展示

2.7 星月主题

这一节以星月为主题展开设计，介绍了星空之下的星月浮岛和星月森林，并留给人想象的空间。

2.7.1 星月浮岛

星月浮岛是星星和月亮的落下之地，这里生活着各种幻想生物。

方案 1 | 小公主

设计概述： 该角色设定为一个住在星月浮岛宫殿里的小公主形象。该角色性格骄矜，喜欢玩耍。她身上披着做工复杂的星星斗篷，以强调该角色的身份。

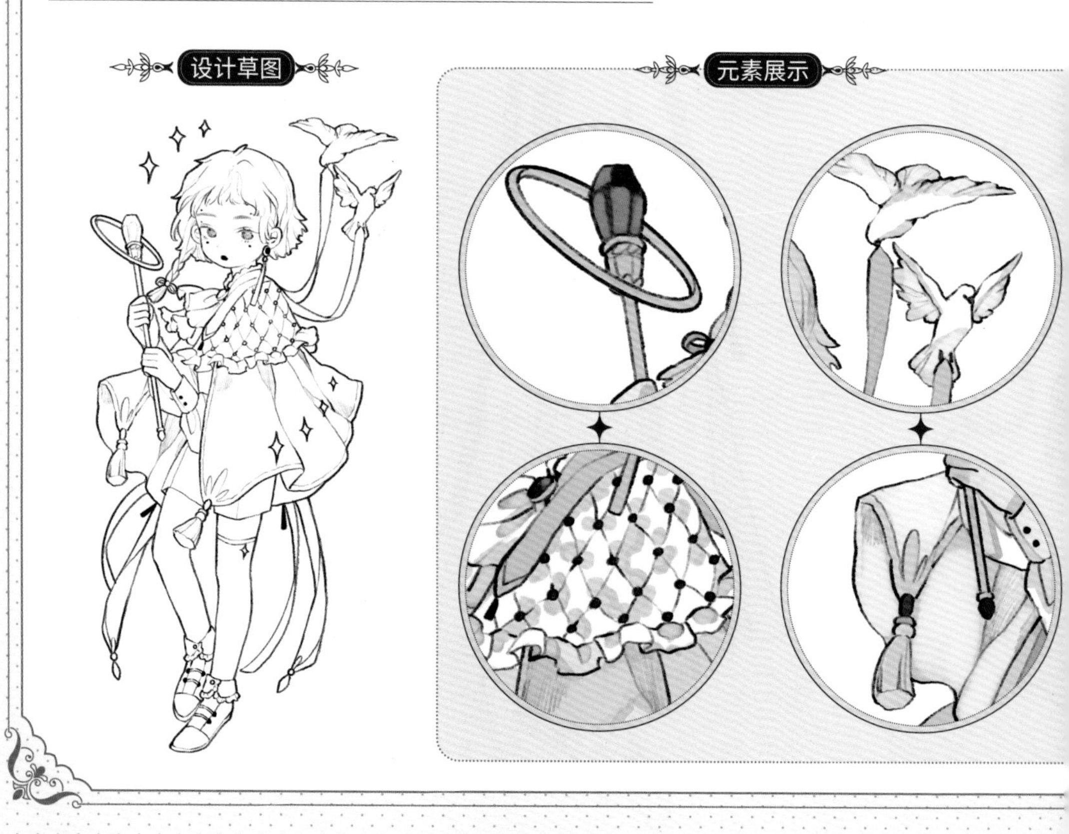

为角色设计了
偏中性的穿搭
背后有几条长
飘带

方案2 | 修女

设计概述：该角色设定为一个在星月浮岛宫殿里祈福的修女形象。她长着长长的金色头发，表情严肃而沉静。

采用了金色和红色的冠冕，可突出角色的典雅和庄重感

方案3 | 精灵

设计概述：该角色设定为一个在星月浮岛与人间出没的小精灵形象。该角色的头上长着触角，身后有一双小小的翅膀。

设计草图

2.7.2 星月森林

夜空下的森林里，生物们正在喃喃低语。

方案 1 | 无名飞虫

设计概述：以夜间出没在森林里的小飞虫为灵感进行设计，塑造出了一个看上去害羞、胆小的小姑娘形象。服装上添加了飞虫身上的纹理图案。

设计草图

元素展示

服装的设计灵感来源于夜间的小飞虫，采用了类似睡裙的设计，并搭配了具有童趣感的拉夫领

方案2 | 夜蛾

设计概述：以夜间月下飞舞的飞蛾为灵感进行设计。飞蛾喜欢有光的地方，所以将该角色设计为皮肤偏黑、头发雪白的形象。

方案3 | 使者

设计概述：该角色设定为一个能够往返于星月森林和人间的使者形象。该角色头上长有一对角，穿着宽袖的外套和尖头靴子。

设计草图

其他设计展示

第3章
服装参考集

3.1 上身服装

下面以集合的形式展示上身服装的基础款式，为大家在绘画时提供参考，并拓展思路。

3.1.1 衬衫

衬衫是一种可以单独穿在外面，也可以作为内搭的衣服款式。衬衫按衣领形式可以分为翻领衬衫、V 领衬衫、方领衬衫、圆领衬衫、一字领衬衫和立领衬衫等。衬衫的衣袖按长度可以分为长袖、中袖、半袖、短袖、肩带袖和无袖等。

在绘制衬衫时，可以在衣领、衣袖这些部位进行样式的变化。除此之外，还可以在衬衫的细节（如袖口花边、纽扣样式、衣领花纹等）上发挥创意。

方领衬衫

圆领衬衫

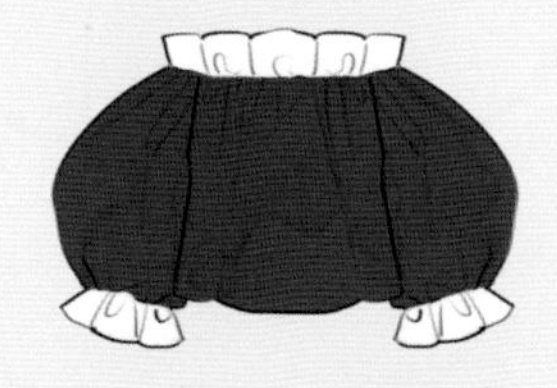

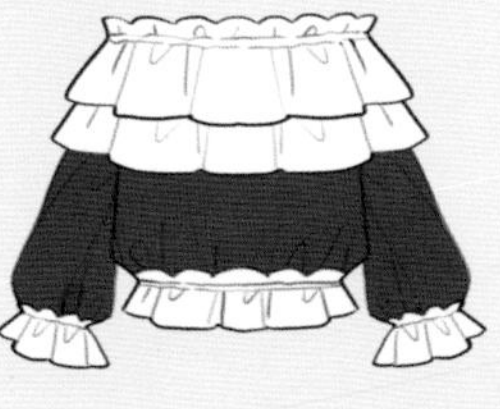

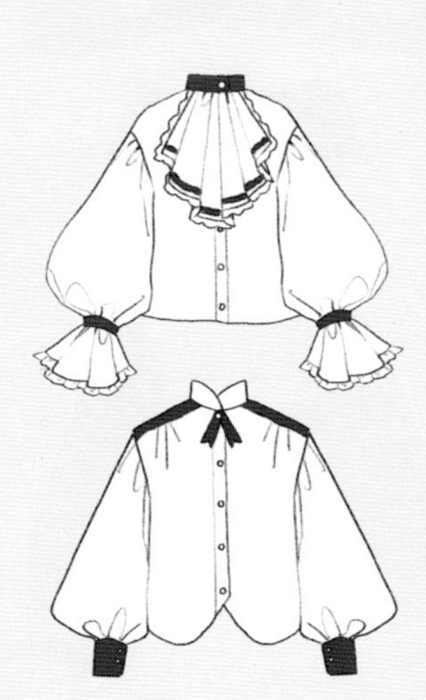

衣袖

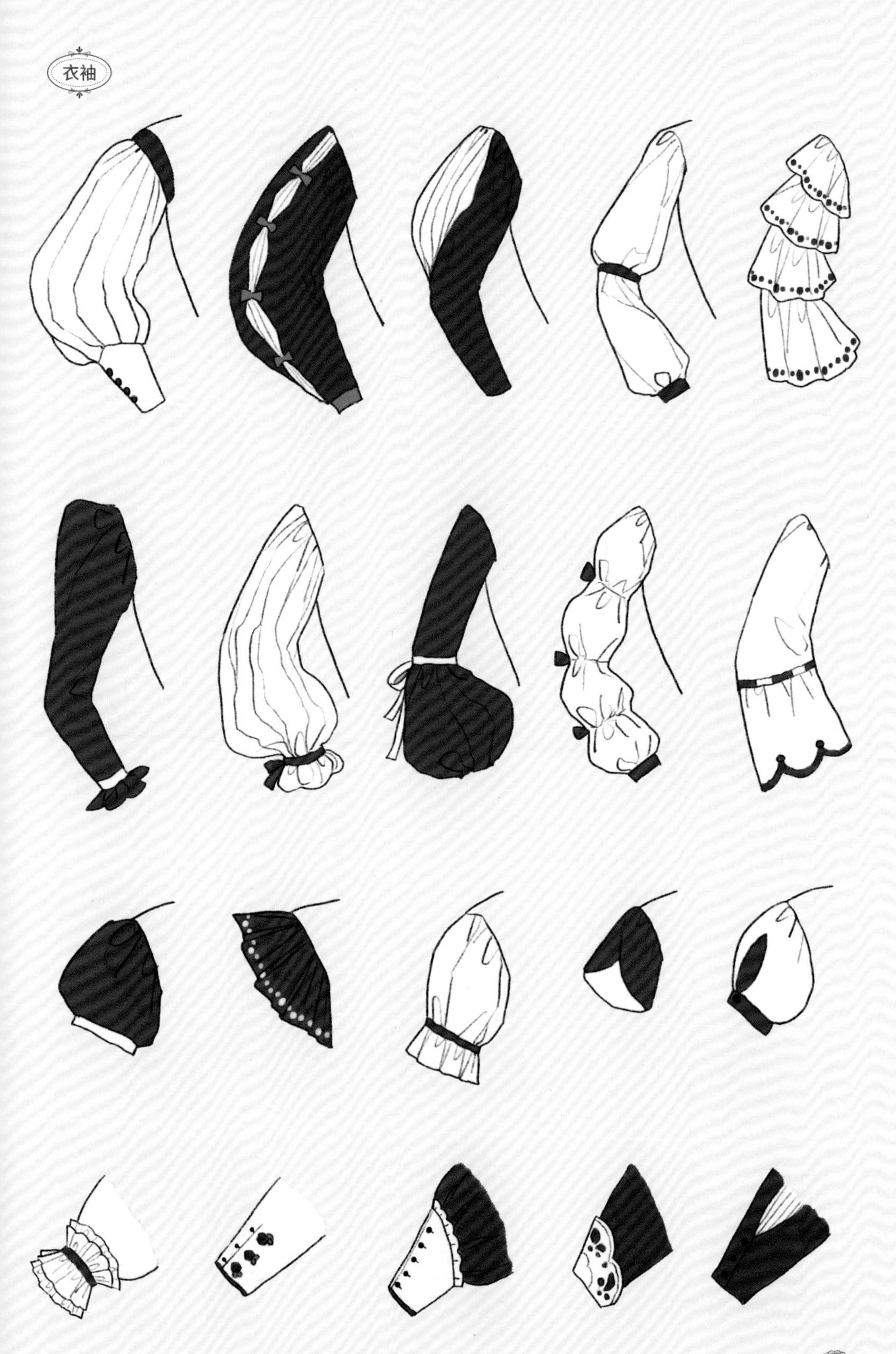

3.1.2 马甲

马甲是一种较短的无袖上衣，常见的有西服马甲、棉马甲、羽绒马甲和毛线马甲等。它可以作为内搭，也可以穿在外面。马甲按照穿法可以分为套头式和开襟式，按照衣身外形可以分为收腰式和直腰式。

绘制马甲时，可以在穿法和衣身外形等方面进行多样性的变化。与此同时，还可以对马甲的材质和图案进行想象，如毛线马甲可以画出毛线编织的图案，麂皮马甲可以着重强调马甲边缘的走线。

按照穿法分类

按照衣身外形分类

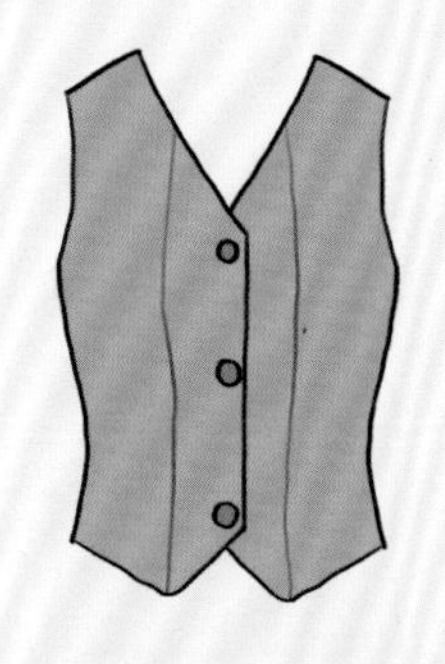
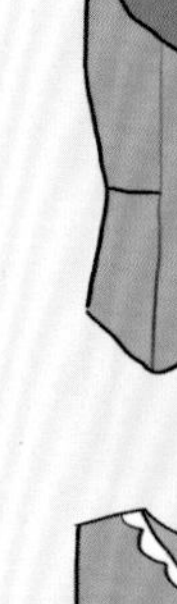
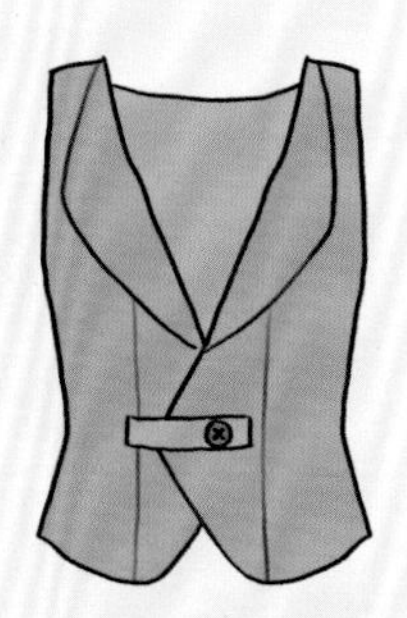
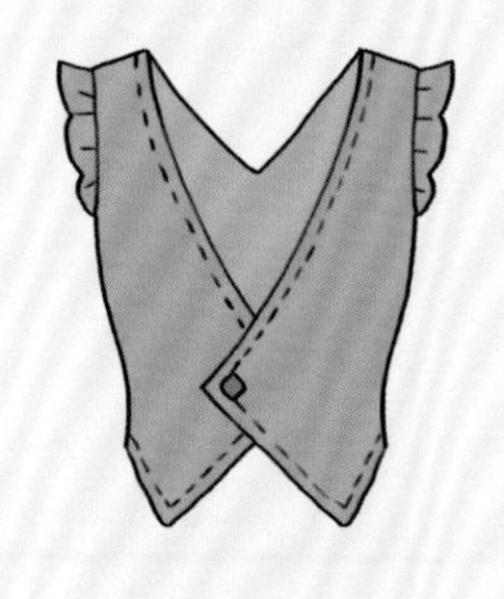
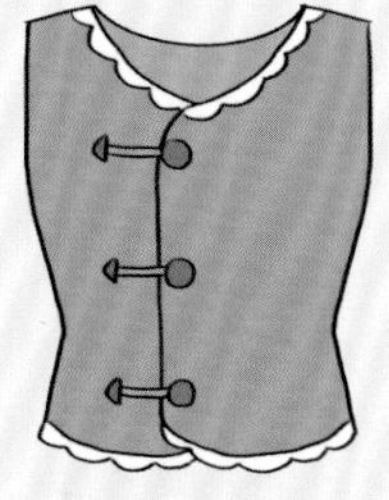
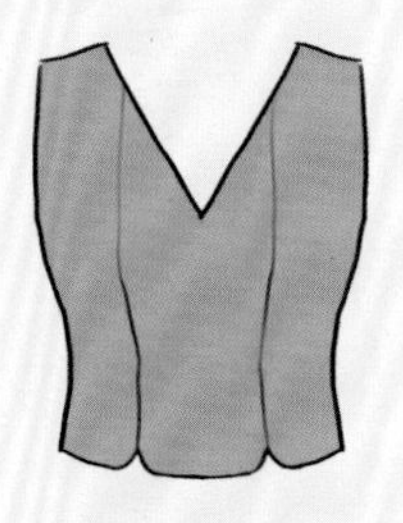

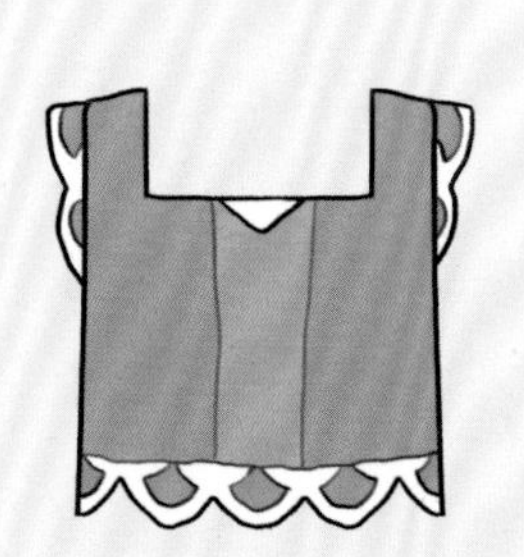

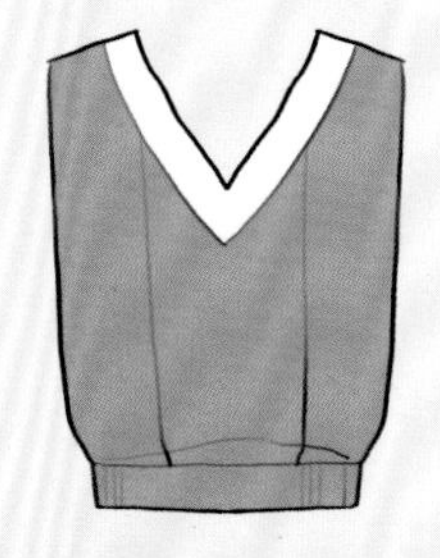

3.1.3 吊带

吊带具有线条流畅、质地轻柔的特点，是炎热夏季里不可或缺的时尚单品。

3.2 下身服装

下面以集合的形式展示下身服装的基础款式，为大家在绘画时提供参考，并拓展思路。

3.2.1 裤子

裤子的种类有多种。裤子按照长度可以分为短裤（长至大腿）、五分裤（长至膝盖）、七分裤（长至小腿肚）、九分裤（长至脚踝）和长裤等，按照用途可以分为休闲裤、西装裤、打底裤、运动裤和工装裤等，按照裤形可以分为阔腿裤、灯笼裤、喇叭裤、束脚裤、裙裤和背带裤等。

在绘制裤子时，我们可以对裤子的腰型、长度、裤形、材质等进行调整。

下面以短裤、七分裤、长裤为例进行重点展示。

3.2.2 裙子

裙子大体上可以分为连衣裙和半裙。半裙按照板型结构可以分为 A 字裙、蛋糕裙、百褶裙、圆摆裙、不规则裙、泡泡裙、吉卜赛裙和鱼尾裙等，按照长度可以分为超短裙、短裙、中裙和长裙等。

在绘制裙子时，可以基于板型结构在花纹、褶皱、裙边和裙腰等细节上进行思维发散。

下面以短裙、中裙、长裙、连衣裙为例进行重点展示。

短裙

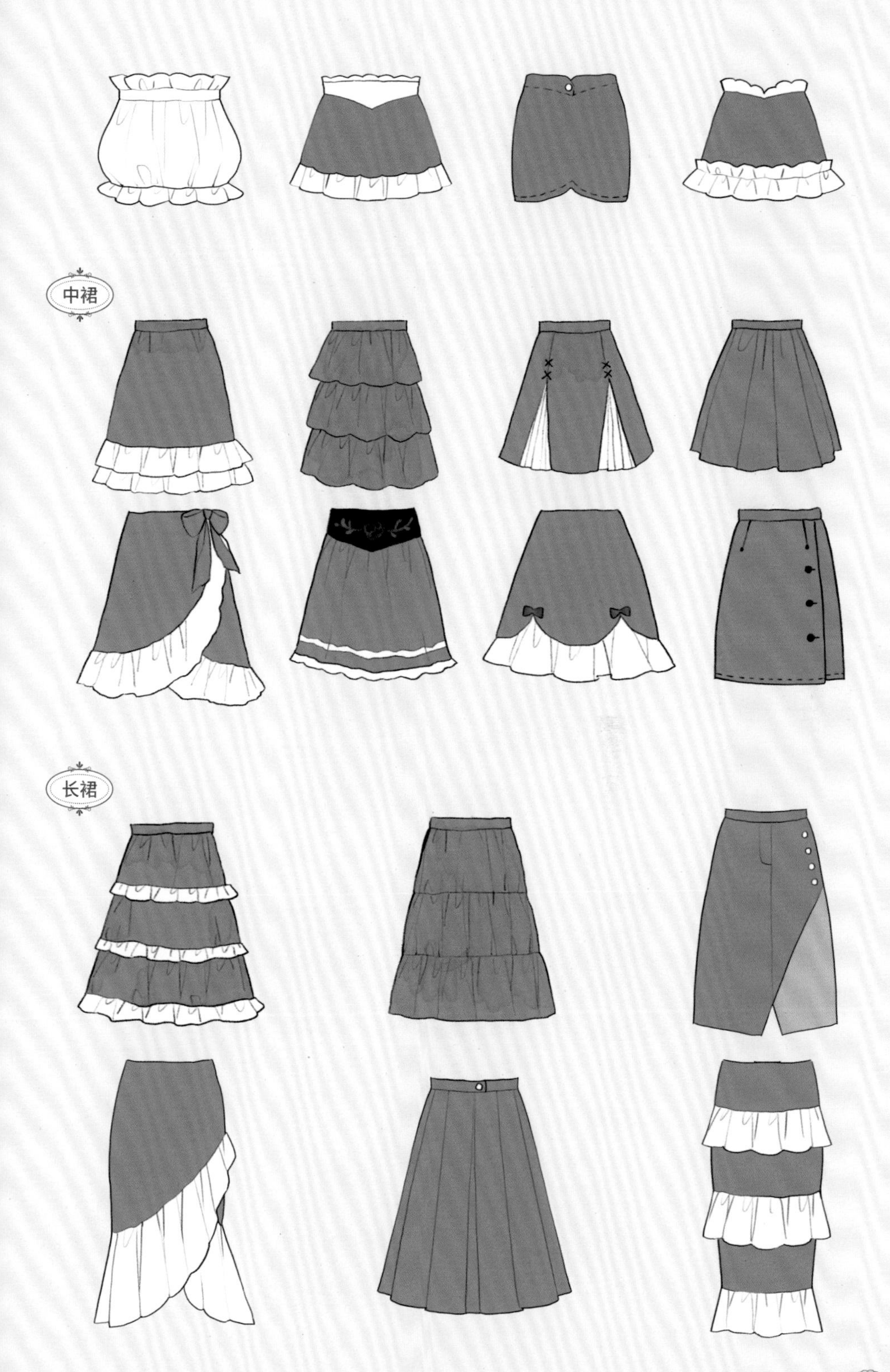
中裙
长裙

连衣裙

3.2.3 袜子

袜子是穿在脚上的单品，具有保暖、装饰及保护脚不被鞋子或地面擦伤等功能。袜子按照长度可分为短袜、中筒袜、长袜等，按照造型可分为船袜、裤袜、无底袜、五趾袜、吊带袜等。

绘制袜子时，可以在袜子的图案和风格上进行思维发散，如运动风格的短袜、JK 风格的堆堆袜、巴洛克风格且样式繁复的蕾丝裤袜及可爱风格的撞色彩袜等。

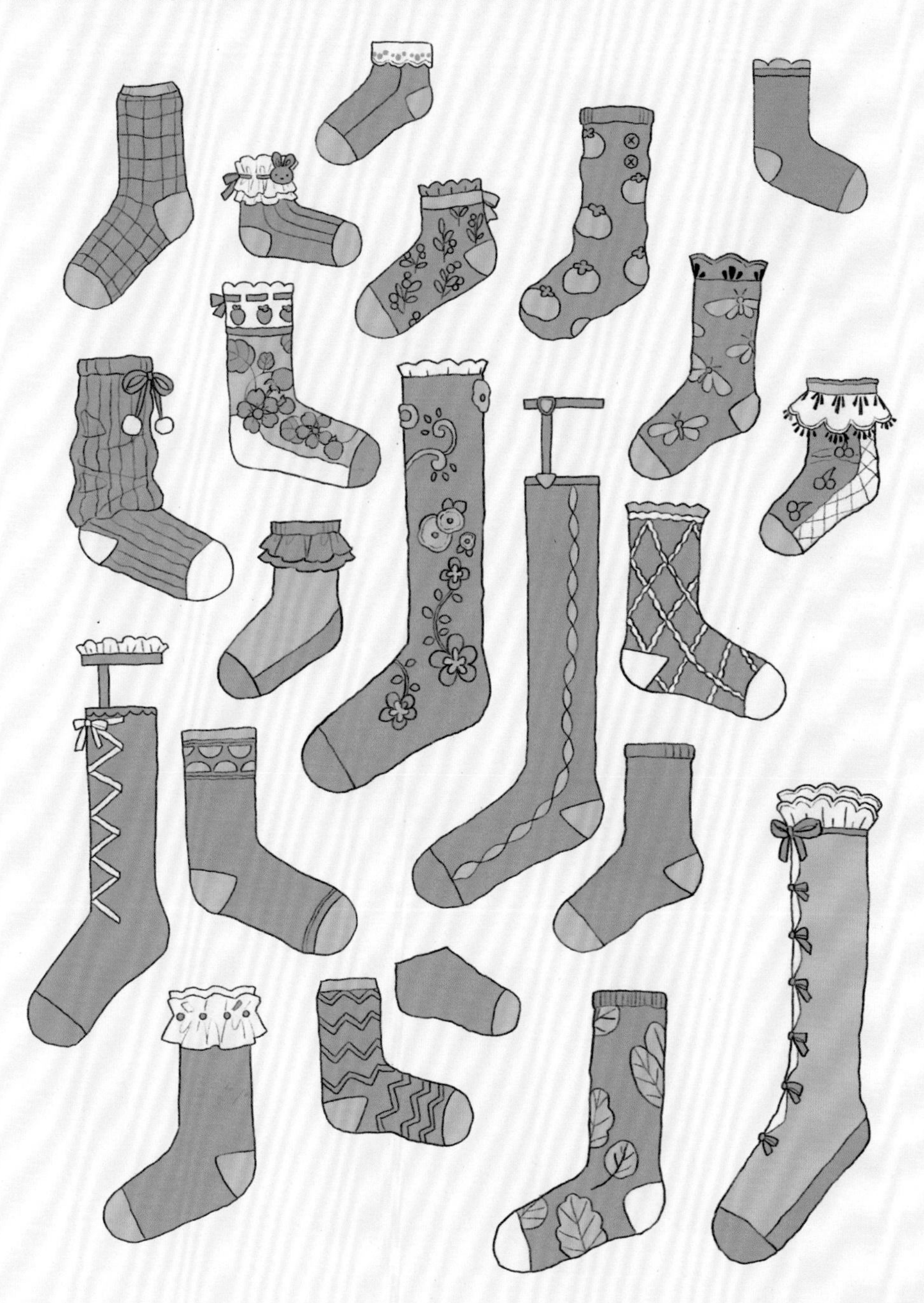

3.2.4 鞋子

鞋子可以按照款式和用途进行分类。鞋子款式的不同主要体现在鞋头、鞋跟、鞋帮这些位置。其中，鞋头类型有方头、方圆头、圆头、尖圆头和尖头等，鞋跟类型有平跟、半高跟、高跟和坡跟等，鞋帮类型有高勒、低勒、中筒和高筒等。鞋子按用途可以分为日常休闲鞋、运动鞋、旅游鞋、增高鞋、雨鞋、滑板鞋、溜冰鞋和舞鞋等。

第4章
配饰参考集

4.1 颈饰

这里将颈饰粗略地分为领结、领带和颈圈三大类。领结的款式和材质多种多样，常见的领结有平角领结、斜角领结、兔耳领结、尖角领结、长柄领结、羽根领结、小蝴蝶结领结和交叉领结等。领带按照板型可以分为尖角领带、斜角领带和细条领带等。颈圈指紧贴脖子的环形装饰品。此类装饰品可以增强人物的神秘感和服饰的繁复性。

领带

颈圈

4.2 头饰

头饰可以粗略地分为发带、发卡和发绳三大类。发带可以包住整个头部，当需要突出头部的色彩时，可以选择画一条较宽的发带。发卡可以用来点缀发型，还可以添加蕾丝布片或薄纱来增强设计感。发绳主要用于捆扎头发，发绳垂下来的部分可以进行多样化处理。

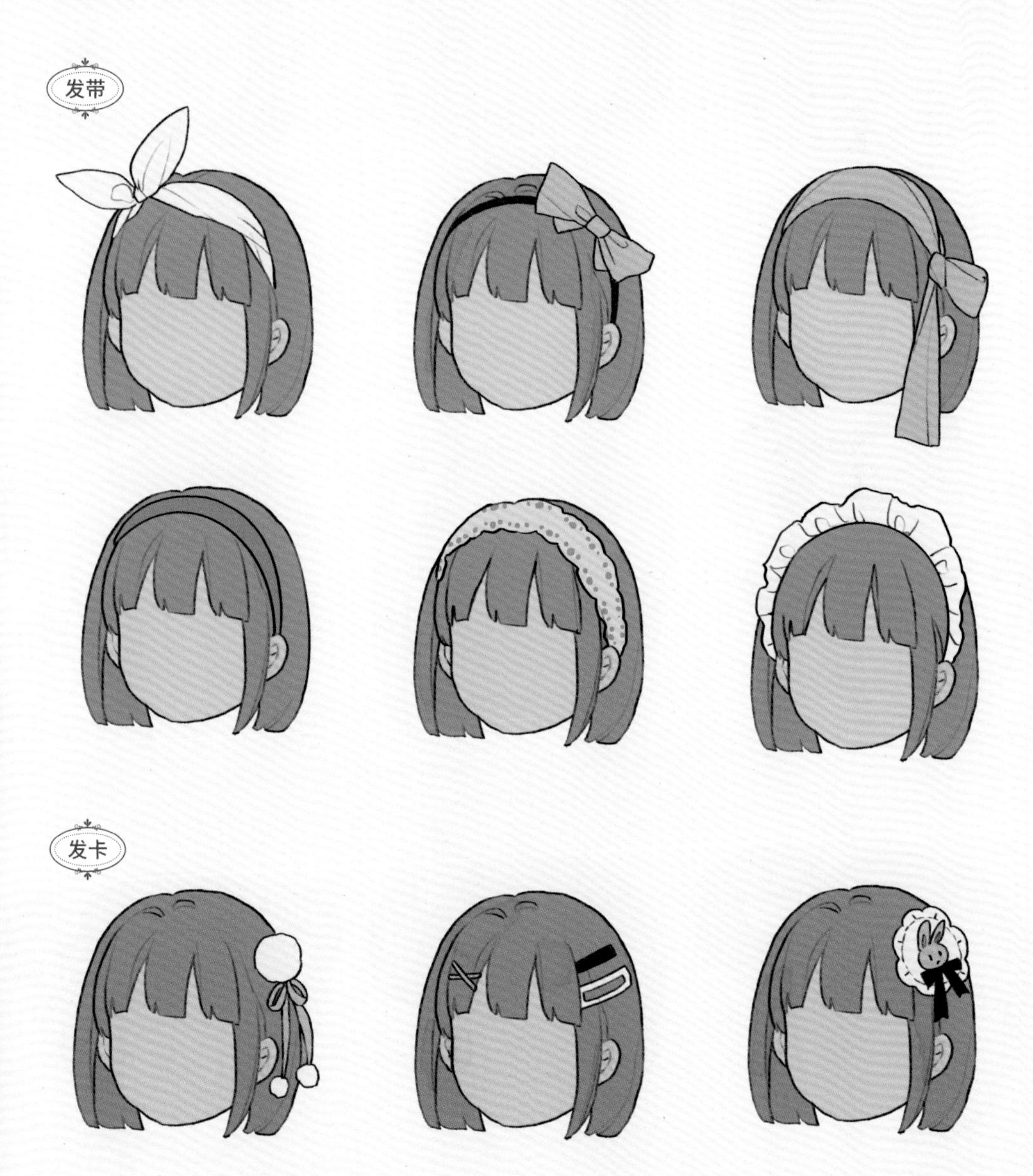

发绳

4.3 帽子

帽子的种类繁多，按用途可以分为遮阳帽、安全帽、防尘帽、牛仔帽和棒球帽等，按制作材料可以分为毛线帽、皮帽、毛呢帽、草帽和竹斗笠等，按款式特点可以分为贝雷帽、尖角帽、礼帽、棉耳帽、鸭舌帽和无边帽等。

在进行帽子的绘制时，可以在真实的基础上进行夸张变形，如将帽檐画得更宽、将帽子形状画得更夸张等。

下面以贝雷帽、尖角帽、礼帽、棉耳帽为例进行重点展示。

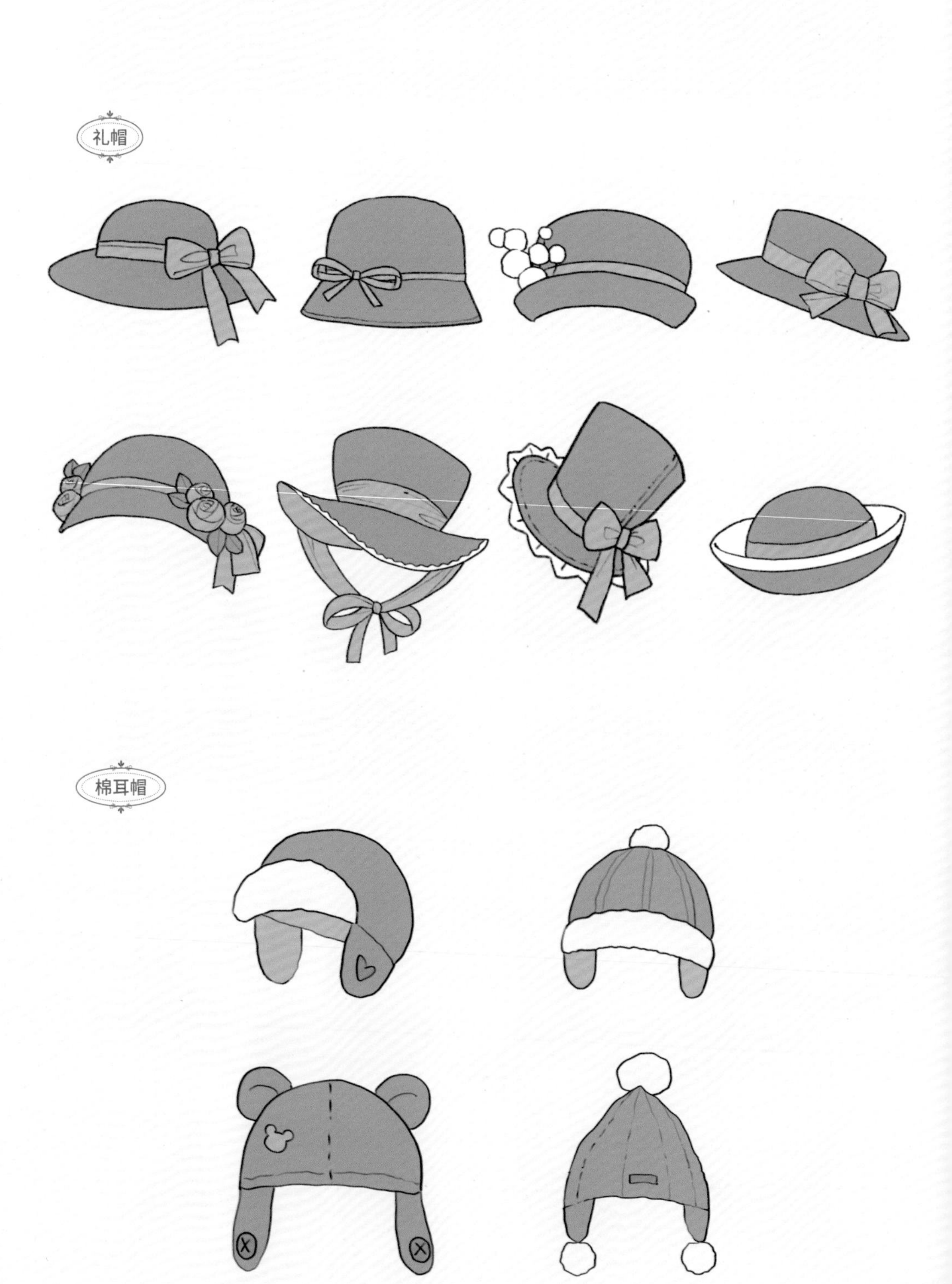
礼帽
棉耳帽

4.4 包

包的形式多种多样，这里展示几款常见类型的包。

4.5 风格小物

这里展示了一些小物品。为了让画面更有感染力，在设计人物服饰时，有时还需添加一些装饰小物。

4.5.1 现代物品

彩灯和花环
挂饰
糖罐
蜡烛
花篮
姜饼人
蓝莓蛋糕
柠檬蛋糕
草莓巧克力蛋糕
饮品
柿子与托盘

4.5.2 古风物品

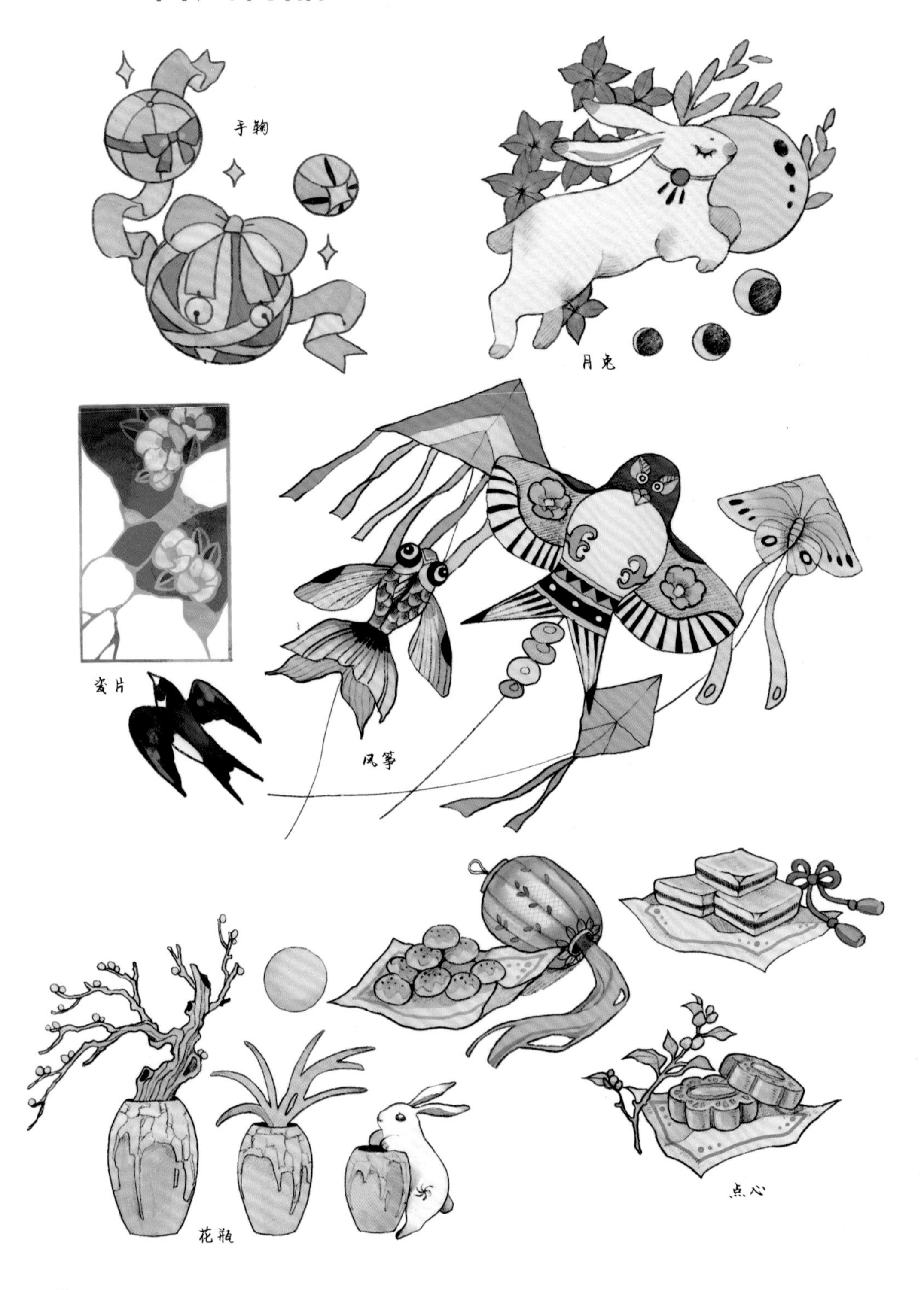

4.5.3 奇幻物品

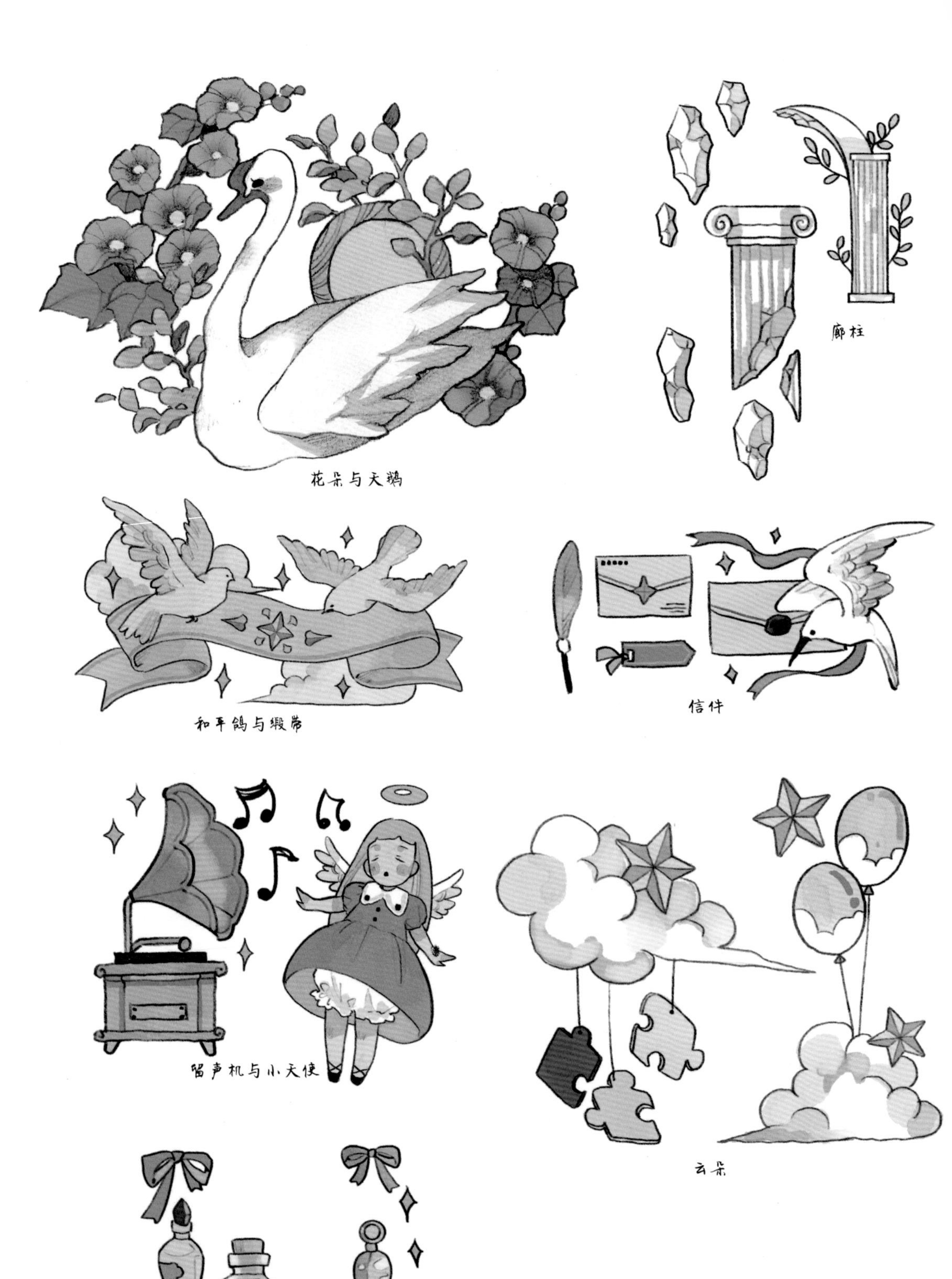
花朵与天鹅
廊柱
和平鸽与缎带
信件
留声机与小天使
云朵
香料

4.5.4 植物和菌类

4.5.5 动物

第5章 插画欣赏

下面展示了大量富有想象力的插画，希望能为读者带来创作灵感。